你好，大自然

[西] 亚历杭德罗·阿尔加拉 著　[西] 罗西奥·博尼利亚 绘　詹玲 译

动物的感觉

科学普及出版社
·北 京·

布鲁诺和他的姐姐艾琳想知道为什么猫咪在黑暗中能看清东西？蛇真的听不见吗？狼的嗅觉到底有多灵敏？蝴蝶的味觉器官在哪儿？鸭子如何利用触觉觅食？

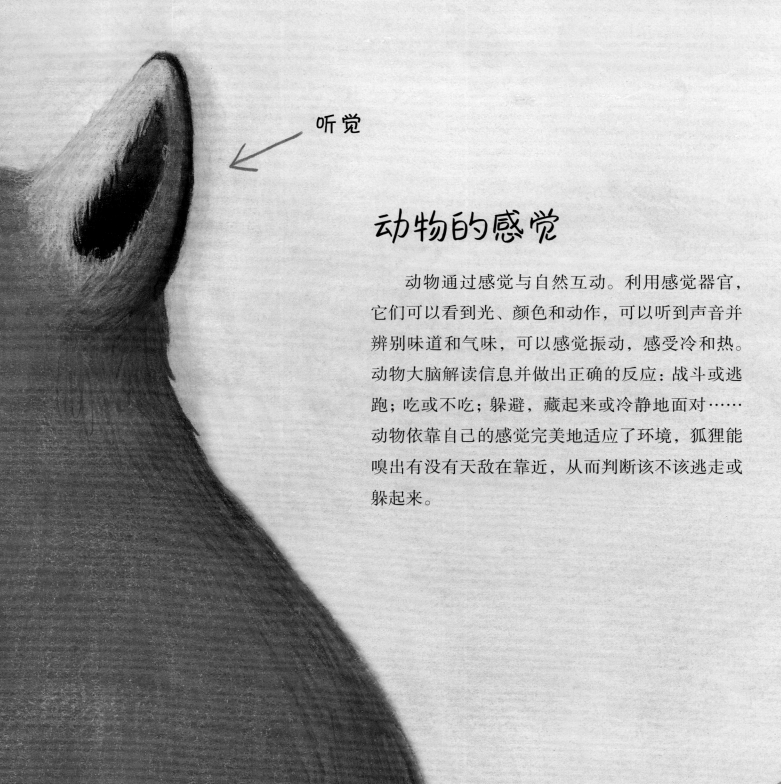

听觉

动物的感觉

动物通过感觉与自然互动。利用感觉器官，它们可以看到光、颜色和动作，可以听到声音并辨别味道和气味，可以感觉振动，感受冷和热。动物大脑解读信息并做出正确的反应：战斗或逃跑；吃或不吃；躲避，藏起来或冷静地面对……动物依靠自己的感觉完美地适应了环境，狐狸能嗅出有没有天敌在靠近，从而判断该不该逃走或躲起来。

视觉：光线与动作

　　视觉是一种非常重要的感觉。眼睛能捕捉光线和动作。动物通过眼睛看到世界：颜色、形状、大小和距离。动物也通过眼睛观察周围环境正在发生的变化，比如动作、颜色和形状的改变。视觉最发达的动物是食肉动物，它们以其他动物为食，比如猎豹。

看见的和没被看见的

许多人类住宅中都住着动物王国的夜视之王 —— 猫！猫咪的眼睛看得到黑暗中的光线和动作，所以能在夜间捕食可怜的老鼠，可老鼠看不到猫咪在不断靠近。黑夜中能看得见的可不是只有猫，体形更大的猫科动物如狮子和老虎，也会利用非凡的视力在夜间捕食。猛禽白天的视力也很惊人，比如有些隼能发现一千米以外地面上一只老鼠的动向，真是不可思议！

两只眼睛、八只眼睛、一千只眼睛

　　动物有许多不同种类的眼睛。一些动物的瞳孔是圆形的，另外一些的是椭圆形的。眼睛也有各种各样的颜色，比如红色、蓝色、黄色、绿色和黑色。有些眼睛非常简单，只能区分光线的明暗；有些眼睛，比如昆虫的眼睛，则非常复杂。像青蛙、马、蛇、猫头鹰，好多动物有两只眼睛，有两只眼睛就是正常的吗？显然，对蜘蛛来说不是，蜘蛛大多有八只眼睛；对砗磲来说也不是，砗磲拥有上千只眼睛！

捕捉声音

听觉让我们能捕捉到通过空气、水或土壤传播的声音。动物不仅利用听觉来寻找猎物，还在听觉的帮助下逃离天敌。听觉另一个非常重要的目的是捕捉同种动物的其他个体发出的声音。比如，亲鸟听到雏鸟因饥饿或寒冷而发出的唧唧叫声，或者狐獴听到负责放哨的伙伴发出的危险临近的警告声。

13

猫头鹰的耳朵

　　猫头鹰的听觉非常发达，扁平的圆脸有助于双耳接收更多声音，让它们能更敏锐地感知到猎物细微的动作。猫头鹰可以听到小型啮齿动物在树叶间发出的"沙沙"声，哪怕是从雪下面传出来的，它也听得到，所以猫头鹰是超一流的夜间猎手。老鼠也并不是毫无防御能力，它们的听觉特别好，有时也能设法逃脱。

其他聆听方式

声音在水中的传播速度比在空气中更快。座头鲸用歌声交流，它们的歌声可以在海洋中传播数千千米到达同伴的耳中；海豚也用声音交流，而且海豚能和蝙蝠一样利用人听不到的超声波找到食物。它们发出声波，声波遇到障碍物反弹产生回声。海豚根据回声传回来所需的时间判断猎物的位置。这个过程叫作回声定位。多奇妙啊！昆虫的听觉灵敏。你知道蝗虫用来听声音的鼓膜在哪儿吗？在它们的腹部。

气味探测器

嗅觉非常重要，它让我们可以感知气味。嗅觉帮助动物觅食、定位、求偶或发现敌害。狗的嗅觉能力惊人，比人的要灵敏1000倍。气味在空气中传播并被鼻孔捕获，有些动物的鼻孔被保护在鼻子内侧，另外一些动物则失去了嗅觉，也没有鼻孔。我想问的是，你见过水母的鼻子吗？

19

超乎寻常的嗅觉

　　大型食肉动物，比如狼，嗅觉极其灵敏，狼能嗅到约1.6千米之外的气味，甚至能闻到其他动物几天前留下的气味。狼把气味标记在树上和小径上，通过这些标记和狼群里的同伴交流，并警告其他狼群这是它们的领地。为了防范大型食肉动物的攻击，一些食草动物，比如鹿，也演化出了灵敏的嗅觉。

是触角而不是鼻子

昆虫用它们的两只触角闻气味。大小不一、形状各异的昆虫触角上有微小的感受毛，这些肉眼几乎看不见的毛对气味非常敏感。蚂蚁的触角能帮助它们寻找食物、与同伴交流、探路并区分敌友。对蚂蚁来说，触角比眼睛更重要。

这是什么味道？

　　动物通过味觉能辨别味道，基本味道有甜、咸、酸、苦这几种。由于具有味觉，动物知道它们吃的东西是有营养的还是有毒的。许多动物都通过舌头来辨识味道，但并非所有动物的舌头都同样灵敏：有些鸟的味觉很差，猫咪则尝不出甜味。

用什么来品尝……用脚！

鲶鱼是味觉冠军，它的整个身体，尤其是它的"触须"，被成千上万个味觉感受器覆盖。味觉感受器也叫味蕾，人的舌头上也有很多味蕾。鲶鱼的味蕾数量要比人的多很多。苍蝇只要站在食物上就能感知食物的味道，因为它们用脚品尝食物。蝴蝶也能用脚感知味道，因此用脚寻找花蜜，也用它们确定适合产卵的叶子。从这些卵里孵化出的毛毛虫，自降生开始，就能吃到自己喜欢吃的叶子。

不可不知的触觉

触觉使动物能够采集到周边环境的大量信息。触觉不仅被用来确定物体的形状和大小，还能让动物感知物体是冷的还是热的，是光滑的还是粗糙的。触觉感受器分布在皮肤上，但身体某些部位的触觉要比其他部位的更灵敏。猴子和人类等灵长类动物的嘴唇和手上的皮肤非常敏感，但是狗、猫和海豹用它们的吻部（口鼻处），尤其是胡须来感知物体。

触觉帮助动物觅食

　　鸭嘴的触觉异常灵敏，当鸭子潜到水下时，它们抵达水底并将喙伸在淤泥中。尽管看不到里面，但鸭子可以用喙感觉到最细微的动静。鸭子就利用这种方式捕食自己赖以生存的小蠕虫。蜘蛛用毛茸茸的步足探知蛛网的振动，以此判断蛛网的造访者到底是不幸的昆虫还是友好的同类。

动物的感觉不止五种……

　　有些动物虽然缺乏一两种感觉器官，却能用其他感官来弥补，有些是我们人类无法想象的。比如，蛇听不到声音，它只能把身体贴到地面感知振动、听到响声，响尾蛇连自己尾巴发出的声音都听不到，然而它们能探测到红外线，这意味着它们可以"看到"热。这就是为什么即使在午夜的沙漠，蛇也能分辨出自己眼前的是一块冰冷的石头还是一只可怜兮兮的受惊的老鼠。

　　现在艾琳和布鲁诺获得了许多关于动物五种感觉的知识，他们差不多变成专家了……不过，等等，究竟是只有五种感官还是有更多种呢？

亲子指南

　　动物有五种主要的感觉器官。然而，所有动物的这些感官并非同样灵敏：在对环境的适应过程中，每种动物都极大地调动最有助于它们在自然界中生存的感官。比如，对于那些以捕猎为食的动物来说，帮它们快速找到猎物的感官要比其他感官发达很多。这样的例子数不胜数，比如猫惊人的夜视能力、猫头鹰非凡的听觉、鲨鱼异常灵敏的嗅觉。而猎物为了免遭捕食，需要尽早感知可能发生的攻击，这自然也要归功于它们的感官。不少食草动物，比如斑马和瞪羚，眼睛长在头部的两侧，可以观察是否有动物从后面靠近。

　　在昆虫世界中，感官在觅食、求偶以及与其他昆虫交流时发挥着极其重要的作用。昆虫的触角是嗅觉、触觉和味觉器官。这些触角被无数微小的感受毛覆盖着，其中一些感受毛对味道和气味很敏感，另一些对触摸反应灵敏。蚂蚁是社交之王，它们能利用气味向同伴传递信息。

　　动物的视觉、听觉、嗅觉、味觉和触觉与人类不同，向儿童和青少年解释这一点是很重要的。昆虫能看到人类看不见的东西。比如，有些昆虫可以感知到紫外线或偏振光，它们的大脑生成的图像看起来更像马赛克，而不是我们人类大脑生成的那种图像。大多数动物不能辨别颜色，或者只能看到其中几种颜色。猫、狗和牛看到的世界是"另一种颜色"的。更惊人的是那些人类无法想象的感官，例如看到热、感觉到磁性或探测到电流。

动物世界中令人难以置信的感官：动物世界纪录和奇闻异事

在动物王国中，巨型乌贼拥有最大的眼睛——每只眼睛的直径可达 30 厘米或更大。它们生活在海平面以下数千米的深海中，可以在光照极差的条件下看见东西。

在哺乳动物中，相对于头部，眼睛最大的动物纪录保持者是眼镜猴。如果人类的眼睛和脸也是同样的比例，那么人眼就该像柚子那么大了。眼镜猴超强的夜视能力使它们可以在夜间捕捉昆虫、爬行动物和鸟类。

蜻蜓这样的食肉昆虫的复眼可能包含30 000个单眼，每个单眼都能捕捉光线，各自形成一部分影像，组合在一起变成蜻蜓看见的完整的画面。此外，得益于眼睛的形状，蜻蜓和苍蝇的视野几乎可以覆盖360度。尽管昆虫眼睛所产生的图像没有人眼的那么清晰，但它们尤为擅长捕捉极轻微的活动。

蝙蝠接收超声波的能力广为人知。蝙蝠不断发出人耳无法感知的叫声，当声波遇到物体反弹回来，它们能通过回声定位物体，这让它们可以快速避开障碍物或者赶过去捕食小飞蛾和蚊子。蝙蝠能在完全黑暗的环境中做到这一切。

鲜为人知的是，一些动物能探测到次声波，也就是那些我们听不见的频率非常低的声音。在位于脚和躯干的感受器的帮助下，大象能听到地面的振动，并知道是否有风暴或地震即将来临。此外，大象可以经由地面与位于数千米外的其他大象交流。

至少在陆地范围，熊是嗅觉冠军。它们褶皱的大鼻子内壁覆盖着数千个气味感受器，这使熊能嗅到几千米外食物的气味。熊甚至可以闻到水下有没有食物。北极熊则能透过一米厚的雪闻到食物的气味。

鲨鱼强大的嗅觉超出了人类的想象，它们能闻到约1.6千米外的一滴血的气味。

昆虫世界的嗅觉之王是雄性蚕蛾。雄蛾通过羽毛状触角能够感知到雌蛾在约9.6千米外或更远的地方离开茧时释放的单一气味颗粒（称为信息素）。

蛇的舌头上没有味蕾。蛇把舌头不停地从口中缩进伸出，这赫赫有名的招牌动作是为了捕捉周围环境和猎物的气味与味道（嗅觉和味觉密切相关）。蛇把附着在舌头上的气味和味道颗粒带到上腭，有个叫犁鼻器的特殊器官可以感知所有的嗅觉和味觉信息。

海牛是触觉发达的哺乳动物。它们身上长有触毛，触毛的功能和猫胡须的类似。海牛利用触毛感知海流微小的变化，了解所处环境的地形。

鳄鱼的颌部和嘴巴上有数千个触觉感受器，这些感受器使它们能感知到水中轻微的振动，并确定振动的来源。这意味着猎物那些极微小的活动，比如在鳄鱼所待河流的岸边喝水，都会被鳄鱼感知到。

Original title of the book in Spanish: *Los Cinco Sentidos de Los Animales*

© Copyright GEMSER PUBLICATIONS S.L. , 2016

C/ Castell, 38; Teià (08329) Barcelona, Spain (World Rights)

E–mail: merce@mercedesros.com

Website: www.gemserpublications.com

Tel: 93 540 13 53

Author: Alejandro Algarra

Illustrations: Rocio Bonilla

Simplified Chinese rights arranged through CA–LINK International LLC(www.ca–link.cn)

The Simplified Chinese edition will be published by China Science and Technology Press Co., Ltd.

本书中文简体版权归属于中国科学技术出版社有限公司

图书在版编目（CIP）数据

你好，大自然 . 动物的感觉 / (西) 亚历杭德罗·阿尔加拉著 ; (西) 罗西奥·博尼利亚绘 ; 詹玲译 . -- 北京 : 科学普及出版社 , 2023.5
ISBN 978-7-110-10578-8

Ⅰ . ①你… Ⅱ . ①亚… ②罗… ③詹… Ⅲ . ①自然科学—儿童读物 Ⅳ . ① N49

中国国家版本馆 CIP 数据核字 (2023) 第 058412 号

北京市版权局著作权合同登记　图字：01-2022-6730

策划编辑：李世梅　　　　　　　　　　封面设计：唐志永
责任编辑：郭春艳　　　　　　　　　　责任校对：焦　宁
版式设计：蚂蚁设计　　　　　　　　　责任印制：马宇晨

出版：科学普及出版社　　　　　　　　　　　　　　邮编：100081
发行：中国科学技术出版社有限公司发行部　　　发行电话：010-62173865
地址：北京市海淀区中关村南大街 16 号　　　　　传真：010-62173081
网址：http://www.cspbooks.com.cn

开本：787mm×1092mm　1/12
印张：14⅔
版次：2023 年 5 月第 1 版　　　　　　　　字数：120 千字
印刷：北京顶佳世纪印刷有限公司　　　　印次：2023 年 5 月第 1 次印刷

书号：ISBN 978-7-110-10578-8 / N・260　　　定价：168.00 元（全四册）